DESCRIPTION ᴇᴛ USAGE

DE LA

RÈGLE A MIROIR.

DESCRIPTION ET USAGE

DE LA

RÈGLE A MIROIR,

OU

ESSAI

SUR LA

THÉORIE ET LA PRATIQUE,

D'UN NOUVEL INSTRUMENT D'ARPENTAGE TRÈS
COMMODE ET TRÈS SIMPLE, QUI POURROIT
REMPLACER L'ASTROLABE OU LE SEX-
TANT, DANS LES CAS OÙ ON N'A
PAS BESOIN D'UNE EXACTITUDE
PARTICULIÈRE;

PAR

J. BARTOLDI SANDIFORT,

Etudiant en Physique à l'Université de Leide.

A LA HAYE

CHEZ LES HÉRITIERS DE J. VAN CLEEF, *Libraire.*

MDCCCIII.

A

MONSIEUR

J. F. van BEECK CALKOEN,

*Profeſſeur de Mathématiques à l'Univerſité de
Leide & Membre de pluſieurs Sociétés
Savantes, &c. &c.*

MONSIEUR,

C'eſt à vous que je dois la connoiſſance de la théorie & de la pratique de la règle à Miroir que je me propoſe de décrire. Vous m'avez procuré tous les moyens néceſſaires pour m'exercer par-là dans les différents cas de l'Arpentage : daignez regarder mes efforts & mes foibles eſſais, avec l'indulgence & la bonté qui vous caractériſent. Non content de me ſoutenir à l'entrée de la carrière que vous m'avez ouverte, vous m'avez engagé à publier ces premiers fruits de mes études, que j'avois commeucées ſous vos auſpices. Vous avez bien voulu en même temps me garantir que cette publication pourra être utile aux jeunes amateurs des Mathématiques.

Fort

)(—)(

Fort de cette affurance, j'ofe compter fur l'indulgence du public, ravi en même temps de pouvoir faifir
par-là la première occafion qui fe préfente, pour
vous offrir hautement l'hommage de ma vive recon-
noiffance, pour les foins & les peines que vous avez
bien voulu prendre pour moi, en me permettant de
profiter journellement de vos inftructions. Dans l'ef-
poir que vous voudriez accueillir cet hommage,
ainfique celui de cet opufcule, j'ai l'honneur d'être
avec un profond refpect,

MONSIEUR,

Votre très humble & très
obéiffant Serviteur
J. BARTOLDI SANDIFORT.

D E.

DESCRIPTION et USAGE

DE LA

RÈGLE À MIROIR.

<hr>

INTRODUCTION.

On trouve dans un Journal Allemand, intitulé *Monath-liche Correfpondentz* (Avril 1802.) par *le Baron von Zach*, une Defcription de la Règle à Miroir, par L. A. Fallon, Lieutenant Ingénieur au fervice de l'Empereur. Afluré de fon utilité, d'après la defcription qu'on en don-ne, j'ai effayé de m'en fervir & de rechercher tous les cas où il feroit poffible d'en faire ufage; ayant réuffi, j'ai comparé mes réfultats avec ceux tirés d'un bon Aftro-labe, & il me femble avoir remarqué que, dans la plus grande partie des cas, la Règle à Miroir feroit un Ins-trument convenable pour mefurer d'une manière facile, exacte & courte, la diftance des villes, la hauteur des divers objets & le toifé d'un terrein; cela m'a porté à publier une defcription de cet Inftrument pour montrer comment il faut s'en fervir dans tous les cas, d'autant

A

qu'il

qu'il n'eſt pas encore bien connu dans notre République & qu'il a toutes les qualités néceſſaires pour qu'on puiſſe l'employer avec ſuccès & commodité, ſi on le manie convenablement. Il eſt vrai que les réſultats n'en ſont pas ſi exacts que ceux d'un bon Aſtrolabe, mais puiſqu'on peut corriger & réduire preſqu'à rien les erreurs que l'on peut commettre par inexactitude ou par accident, ſuppoſant que l'inſtrument ſoit bien fait, on m'avouera facilement qu'avec un peu d'adreſſe & d'habitude, on s'en ſervira avec autant d'aiſance & d'avantage que des inſtruments ordinaires, d'ailleurs comme il eſt petit, on peut le porter ſans gêne ſur ſoi.

Avec la Règle à Miroir, ſa canne pour *la* poſer & la chaine d'Arpenteur, on pourra réſoudre les problêmes les plus difficiles de l'Arpentage.

On ſait que l'on a inventé un grand nombre d'inſtruments pour la pratique de la Géométrie, & qu'il ſeroit tout-à-fait impoſſible de ſe ſervir de tous ; quelques-uns ſont d'un uſage trop gênant ou demandent trop de temps ; ſouvent auſſi & preſque toujours cette grande exactitude eſt inutile, ainſi dans ces cas la Règle à miroir ſeroit l'inſtrument convenable.

P R E.

PREMIER CHAPITRE.

Pl. 1. Fig. 1.

Toute la Machine ne doit avoir que sept pouces de longueur & deux de largeur: la règle peut être faite d'un bois dur ou de cuivre, ce qui seroit préférable pour éviter les erreurs auxquelles la contraction du bois pourroit donner lieu. — A l'un des côtés de la règle se trouve un petit miroir quarré, dont la partie supérieure est ouverte pour que deux objets puissent y être vus en même temps, l'un dans le miroir & l'autre dans la partie découverte. Il faut tracer une ligne droite au milieu du verre du miroir, avant qu'il soit mis au teint. — Le miroir est attaché dans une sorte de boîte de cuivre qui tourne sur un axe, avec un petit pivot, qui, passant par la règle, peut être serré à volonté par une vis; en tournant le miroir, le trait tracé dessus doit

re-

refter immobile, c'eft-à-dire ne doit pas changer de place; la boîte du miroir eft garnie d'une charnière en bas, afin qu'on puiffe le plier, pour le porter plus commodément. Il fe trouve de l'autre côté de la règle une forte de vifière, avec une fente pour voir dans le miroir; elle doit correfpondre avec le trait du verre, & peut avoir la largeur d'un $\frac{1}{18}$ de ligne, ce qui doit être égal à l'épaiffeur du trait; cette épaiffeur fur une longueur de fept pouces couvre un arc de 4′ 54″. — Nous parlerons ci-après des fautes qui réfultent fi la fente de la vifière eft trop large ou trop étroite. — La vifière fe plie auffi fur une charnière pour la même raifon que le miroir. — Comme il eft de la plus grande importance que cette règle foit exacte, il ne me femble pas hors de propos d'en expliquer encore plus chaque partie féparément.

Pl. 1. Fig. 2 & 3.

ABCD repréfente la planche de la règle, AD eft de fept pouces & AB de deux. FCGD eft une plaque de cuivre quarrée très unie & polie, pour que le miroir tourne facilement deffus dans le trou E, qui doit être parfaitement cylindrique. A & B font deux fupports de cuivre pour attacher la vifière A′B′C′D′ (Fig. 3.) les points A′ & B′ entrent dans les trous A & B. EF

eft

eſt la fente de la viſière qu'on peut rendre plus large ou plus étroite au moyen des vis G, qui font avancer & reculer les morceaux de cuivre G'.

Pl. 1. Fig. 4.

ABCD eſt le petit miroir, mis au teint juſqu'en EF, & attaché à la boite IKLM, qui ſe plie dans la charnière NQ. P eſt le pivot qui paſſe par le trou E de la première figure, on peut le ſerrer avec une vis contre la règle pour aſſujettir le miroir plus ferme. La droite NQ & la plaque DF (Fig. 2.) doivent être auſſi plates que poſſible, pour ne pas laiſſer d'eſpace entre le miroir & la règle. GH eſt le trait marqué ſur le verre ſous teint. — Il doit exactement ſe rapporter à la fente EF de la viſière & au centre de P; quand on tourne le miroir, le trait tournera auſſi ſur ſon axe, mais elle ne doit pas changer de poſition.

Pl. 1. Fig. 1 & 5.

Au deſſous du miroir on a deux tenons en cuivre H, attachés à la plaque EF, ils ſervent à fixer le manche ABC (de Fig. 5. Pl. 1.) & la pointe C, en ſorte qu'on puiſſe le plier contre la règle; le bout C de ce manche

A 3

ſert

fert à appliquer la règle dans la canne ; quand on fe fert de cette règle on leve la vifière ainfi que le miroir & la pointe C pour les mettre perpendiculaires fur leur axe.

⁕

SECOND CHAPITRE.

SUR L'USAGE DE LA RÈGLE A MIROIR.

La Règle à miroir fert principalement à déterminer l'angle droit que deux objets font avec le point où l'on fe trouve. Pour cet effet il eft néceffaire que le miroir foit tourné de manière qu'il faffe un angle de 45° avec la vifière, ou plûtôt que ∠ GFE foit = 45° (Pl. 1. Fig. 1.) puifqu'on fait, d'après les loix de la nature, qu'un rayon de lumière entre dans un miroir plat avec le même angle qu'il en fort. Le miroir étant mis dans la pofition requife, on regarde par la fente de la vifière vers un objet quelconque, de forte qu'il foit couvert par le trait du milieu du miroir. Si on remarque qu'en même temps un autre objet foit fous le trait de la partie du miroir non couverte, on faura que ce dernier objet fait

avec

avec le premier un angle droit au miroir fur la ligne ti-
rée de l'œil jusqu'au premier objet.

Pl. 2. *Fig.* I.

Suppofons que E F eſt le miroir $\angle BGE = \angle FGD = 45°$
ſoit *b* l'objet vu dans la partie découverte du miroir caché fous le trait, l'œil placé en D; ſi alors on apperçoit
un autre objet *a* dans l'autre partie du miroir dans la
droite *b*GD auſſi caché fous le trait, on dira que $\angle FGD$
ſera $= \angle EG$*a* & par conſéquent auſſi $= 45°$ $\angle bG$*a*
eſt $\angle FGD + \angle EG$*a* tous deux trouvés $= 45°$, donc
*b*G*a* $= 90°$ ou la ligne *a* G perpendiculaire fur la droite
b D. par-là les objets *a* & *b* font un angle droit avec
le point G.

Il eſt clair que nul autre objet que *a* ne peut être vu
en G dans la droite *b* D; car ſuppofons qu'on n'y voit
pas *a* mais *a'*, ou que $\angle EG$*a'* eſt plus petit que $45°$ on
m'avouera facilement d'après la loi ci-deſſus déſignée
que $\angle FGD'$ ſera $= \angle a EG$ ou plus petit que $45°$; donc
une partie de $\angle DGF$; par conſéquent l'objet *a'* ne peut-
être vu en G que du point D' qui ſera à côté de la
viſière; deſôrte qu'il ne fera pas dans la même droite
que le point *b* ; ceci pourroit auſſi arriver ſi le miroir
étoit mal placé.

A. 4.

TROI-

TROISIÈME CHAPITRE.

DE LA MANIÈRE DE SE SERVIR DE LA RÈGLE À MIROIR DANS TOUS LES CAS DE L'ARPENTAGE.

On divife ordinairement en deux parties les différents cas qui fe préfentent dans la pratique de la Géométrie : l'une traite de la manière de mefurer des diftances, & l'autre de celle de déterminer des haûteurs ; puis on les fubdivife en diftances ou hauteurs acceffibles, celles qui ne le font pas, celles qui fe trouvent dans le même plan horizontal, celles placées dans différents plans, enfin celles qui ont une pofition verticale & celles qui ne l'ont pas. — Je me fuis propofé de faire voir, par des exemples de chacun de ces cas, le dégré d'exactitude auquel on peut parvenir par la Règle à miroir.

Pre.

Premier cas où l'on se propose de toiser un terrein accessible.

Pl. 2. *Fig.* 2.

On sait que la meilleure manière de mesurer des distances accessibles est de réunir les divers objets par autant de triangles & de les calculer d'après plusieurs bases mesurées avec exactitude; mais on sait aussi que cette méthode prend souvent trop de temps, & demande des instruments & des observations trop précis pour pouvoir s'en servir dans tous les cas avec succès.

L'autre manière de toiser un terrein, en déterminant la situation de quelques points, par rapport à une bâse prise à volonté, pourroit donc être, ce me semble, plus aisée & plus prompte: elle peut-être faite avec la règle à miroir & une chaine d'Arpenteur; en voici la manière:

Voulant déterminer la courbure d'une rivière, on prend une base AB bien mesurée, puis on s'avance & l'on recule jusqu'à ce qu'on ait trouvé le point N où on voit les objets A & F également cachés sous les traits du miroir & de sa partie ouverte, on mesure NA & NF, alors on cherche le point L ou celui qui fait découvrir les points A & C en même temps, on prend la mesure de AL & de LC, ce que l'on continue de faire pour tous les points desirés; on dessine alors la base & les divers objets d'après une échelle diminuée, puis ayant

A 5

orien-

orienté le terrein, on aura tous les points néceffaires pour tirer la courbure de la rivière.

Second cas : Mefurer les diftances A & B, quand on ne peut venir qu'en B.

Pl. 2. Fig. 3.

On veut favoir la diftance des points A & B ou l'éloignement d'une ville à une autre. Suppofant qu'on peut venir en B, on prolonge la droite AB jusqu'en E, on place la règle en B & on regarde vers A pour découvrir un point C perpendiculaire fur AB où on fait mettre un piquet. Puis on va de B en C & on regarde vers A, pour trouver le point E dans le prolongement de AB, tel que CE eft $\perp$ fur AC ou A & E étant également deffous les traits du miroir. On mefure EB & BC, les angles CBE & ACE font droits & BC eft commun : par-là les $\triangle \triangle$ BCA & BCE font femblables, donc fi

$$AB \text{ eft} = X, \text{ on aura } EB : BC = BC : X \text{ ou } X = \frac{\overline{BC}^2}{EB}, \text{ la}$$

diftance cherchée.

Exemple. Pl. 2. Fig. 3.

J'ai trouvé BC = 9. 74 & BE = 7. 65 verges, donc

X

$$X = \frac{\overline{BC}^2}{\overline{EB}} = \frac{\overline{9.74}^2}{7.65} \quad \text{au Log. } X = \text{Log. } \overline{9.74}^2 \div \text{Log. } 7.65.$$

$$\text{Log. } \overline{9.74}^2 = 1.9762256$$
$$- \text{Log. } 7.65 = 0.8836614$$
$$\overline{\text{Log. } 12.375 = 1.0925642} = \text{Log. } X. (*).$$

Puis additiónant A B & B E, j'ai eu 12. 375 + 7. 65 = 20. 025 verges = AE; Mesurant après cela la ligne AE, je l'ai trouvée = 19. 933 verges, souftrayant ces deux valeurs pour E A, la différence étoit 0. 092 verges ou 9. 2 pouces; inexactitude qui n'eft presque pas fensible fur une diftance de près de 200 pieds.

Autre Exemple Comparé avec l'Aftrolabe ou le Graphomètre.

Pl. 2. *Fig.* 5.

J'ai trouvé avec l'Aftrolabe l'angle ABC′ = 28° 30′, la ligne BC′ = 28, 7 verges, donc AC′ = BC′ ✕ tang. B ou Log. AC′ = Log. BC′ + Log. tang. B. -

Log

$$\text{Log. BC}' = \text{Log. } 28. \, 7 = 1.4578819$$
$$+ \text{Log. tang. B} = \text{Log. tang. } 28^\circ \, 30' = 9.7347644$$
$$\text{Log. } 15. \, 582 \qquad = \qquad 1.1926463 = \text{Log.}$$

AC'. donc AC' $= 15.582$ Verges.

Pl. 2. Fig. 4.

Voulant enfuite réfoudre le même problême avec la Règle à miroir, j'ai pris B D $= 3.5$ verges, cherchant l'angle droit D ou le point C'. Allant enfuite fur la droite DC', j'ai déterminé le point E dans lequel étoit l'angle droit de A & B, mefurant alors DE, je l'ai trouvé $= 6,5$ verges. Mais

$$\text{BD} : \text{DE} = \text{DE} : \text{DA} \text{ ou } \text{DA} = \frac{\overline{\text{DE}}^2}{\text{BD}} \& \text{BA} = \frac{\overline{\text{DE}}^2}{\text{BD}} + \text{BD}.$$

ou $\text{Log. DA} = \text{Log. } \overline{\text{BE}}^2 - \text{Log. BD}$

$$\text{Log. } \overline{\text{DE}}^2 = \text{Log. } \overline{6.5}^2 = 1.6258268$$
$$- \text{Log. BD} = \text{Log. } 3.5 = 0.5440680$$
$$\text{Log. } 12.071 = 1.0817588 = \text{Log. AD}$$

AB $=$ AD $+$ BD $= 12.071 + 3.5 = 15.571$. La différence entre ces deux obfervations, fur une diftance de près de 160 pieds, n'eft pas affez grande pour paroitre importante.

Troi-

Troisième cas : Trouver la distance de deux lieux inaccessibles qui se trouvent dans le même plan horizontal.

Pl. 2. Fig. 6.

Tirez pour base la ligne $abCD$, cherchez les angles droits de [A & D] de [a & B] de [B & H] de [A & F] de [E & B] & de [B & G] ou les points a, b, C, D & G. puis mesurez aC, aF, bD, bH, aG & aE; on aura par la proportion aF : aC $=$ aC : Aa que

$$A a = \frac{\overline{a\,C}^2}{a\,F} \quad \text{\& par la proportion } b\,H : b\,D = b\,D : B\,b \text{ que}$$

$$B b = \frac{\overline{b\,D}^2}{b\,H} \text{ enfin par } a\,E : a\,G = a\,G : a\,B \text{ que } a\,B = \frac{\overline{a\,G}^2}{a\,E}$$

dans le $\triangle$ abB on connoit aB & Bb, par-là on connoit aussi $\angle$Bab; car tang. $\angle$B$ab = \dfrac{b\,B}{a\,b}$, $\angle$Aab; est $= 90^\circ$

donc $\angle$BaA $= 90^\circ - \angle$Bab & dans le $\triangle$ ABa on connoit aA & aB avec l'angle inclus AaB, par-là la distance cherchée

$$AB = \sqrt{\overline{a\,A}^2 + \overline{a\,B}^2 - 2\,a\,A \times a\,B.\ \mathrm{Cos.}\ A\,a\,B.}$$

Exem-

Exemple Comparé avec l'Aftrolabe.

Pl. 2. Fig. 7.

Voulant calculer la diftance des objets A & B, j'ai pris la bafe CD$=$13. 36 verges, j'ai trouvé $\angle$ACB$=$74° 10′ $\angle$BCD$=$56° 10′ $\angle$CDA$=$33°50′ & $\angle$ADB$=$64° 10′; ainfi j'eus dans le $\triangle$ ACD deux angles & un côté compris entre d'eux, donc je pouvois trouver la grandeur de AC par la proportion:

CD : AC $=$ Sin. $\angle$CAD : Sin. $\angle$ADC ou AC$=$

$$AC = \frac{\text{Sin. } \angle CDA. \ CD}{\text{Sin. } \angle CAD} = 27,2635;$$

alors j'ai cherché la valeur de CB avec le $\triangle$CBD dans lequel j'eus $\angle$BCD$=$56° 10 $\angle$BDC$=$98° & CD$=$13. 36; ainfi par la proportion CD : CB $=$ Sin. $\angle$CBD : Sin. $\angle$CDB j'eus

$$CB = \frac{CD. \ \text{Sin. } \angle CDB}{\text{Sin. } \angle CBD} = 30.351$$

Par ce moyen j'eus donc dans le $\triangle$ ABC deux cotés AC $=$ 27. 2635. & BC $=$ 30. 351. & l'angle inclus ACB$=$74° 10′ donc enfin avec l'équation

$$AB = \sqrt{\overline{CB}^2 + \overline{AC}^2 - 2AC \times CB. \, Cos.ACB}$$

$$= \sqrt{1212.784} = 34,824$$

Ayant

Ayant déterminé les angles droits à l'aide de la Règle à miroir, je mesurai toutes les lignes nécessaires comme $b\mathrm{D} = 1.99814$ $b\mathrm{H} = 1.6666.$ $a\mathrm{C} = 6.54975.$ $a\mathrm{F} = 1.8541.$ $a\mathrm{E} = 2.5.$ & $a\mathrm{G} = 3.25.$ trouvant après cela par le calcul les lignes

$$A a = \frac{\overline{a\mathrm{C}}^2}{a\mathrm{F}} = 23.1375 \qquad b\mathrm{B} = \frac{\overline{b\mathrm{D}}^2}{b\mathrm{H}} = 23.9541$$

$$a\mathrm{B} = \frac{\overline{a\mathrm{G}}^2}{a\mathrm{E}} = 42.25 \ \& \ ab = \sqrt{\overline{a\mathrm{B}}^2 - \overline{\mathrm{B}b}^2} = 34.8037$$

donc tang. $\angle A a\mathrm{B} = \dfrac{ab}{b\mathrm{B}} = $ tang. $55° \ 27' \ 40.9''$

ainsi que $A\mathrm{B} = \sqrt{\overline{Aa}^2 + \overline{a\mathrm{B}}^2 - 2\, Aa \times A\mathrm{B} \ \mathrm{Cos.} \ A a\mathrm{B}}$

étoit $= \sqrt{1212.004} = 34.81$ verges (*).

Après quoi j'ai trouvé $A\mathrm{B} = 35$ verges; donc le résultat de l'Astrolabe en diffère de $1,76$ pieds & celui de la règle, de 1.9 pieds, différence peu confidérable.

Qua-

(*) Toutes les expériences ont été faites avec une excellénte Règle à miroir faite par J. G. Kleman, Mécanicien à Amsterdam fur le Nieuwendyk.

Quatrième cas : Mesurer une hauteur accessible.

Pl. 2. *Fig.* 8.

Dans ce cas on place la Règle à miroir verticalement en D, & on regarde vers b jusqu'à ce que le point a où le centre de la tour se présente en même temps que b sous le trait du miroir; puis on mesure aC & DC & on aura

$$a\,\mathrm{E} : \mathrm{ED} = \mathrm{ED} : \mathrm{E}b \text{ on } \mathrm{E}b = \frac{\overline{\mathrm{ED}}^2}{a\,\mathrm{E}} \text{ mais } \mathrm{ED} = a\,\mathrm{C} \,\&$$

$$a\,\mathrm{E} = \mathrm{DC} \text{ par-là } \mathrm{E}b = \frac{\overline{a\,\mathrm{C}}^2}{\mathrm{DC}} \,\& \, ba = \frac{\overline{a\,\mathrm{C}}^2}{\mathrm{DC}} + \mathrm{DC} \text{ ou}$$

$$ba = \frac{a\mathrm{C}^2 + \mathrm{DC}^2}{\mathrm{DC}} = \frac{\overline{a\,\mathrm{D}}^2}{\mathrm{DC}}$$

Exemple Comparé avec l'Astrolabe.

M'écartant de la tour à la distance $a\,\mathrm{C}' = a$ (qui étoit de 30 pieds) j'y pris D'C' = 4. 1818 pieds = b & je trouvai l'angle φ 44° 45′ ainsi j'avois pour bE l'expression a tang. φ & pour ba celle de (a tang. $\varphi + b$,) ce qui fit dans le cas présent, en travaillant par logarithmes

Log.

$$\text{Log. } b\,E = \text{Log. } 30 + \text{Log. tang. } 44^e 45'$$

$$\text{Log. } 30 = 1.4771213$$

$$+ \text{Log. tang. } 44°45' = 9.9962100$$

$$1.4733313 = \text{Log. } 29.7393$$

$$+ \text{D}'\text{C}' = 4.1818$$

$$b\,a = 33.9211 \text{ pieds.}$$

Avec la Règle à miroir, je cherchai l'angle droit bDA

j'eus alors $DE = 11.6$ $DC = 4.6$ donc $b\,a = \dfrac{\overline{11.6}^2}{4.6} + 4.6$

$$= \frac{\overline{11.6}^2 + \overline{4.6}^2}{4.6} = \frac{155.72}{4.6} = 33.85.$$ La différence entre

ces deux réfultats eft peu confidérable.

⁂

Il eft vrai que dans la pratique il eft affez difficile de fixer toujours de la vifière au centre d'une tour; mais il eft clair auffi que ce point F (qui eft celui que l'on doit fixer pour regarder de D en ligne droite au centre) fe calcule facilement: car fi l'on peut s'approcher affez de la tour, comme nous l'avons fuppofé, on pourra aifé-ment mefurer fon épaiffeur & connoître fes côtés, fi elle eft quarrée, ou fon diamètre, fi elle eft ronde. En tout

B

cas

cas, on saura la grandeur de $aG = \dfrac{1}{2} GH$. Suppofant

$FG = X$ on aura par la fimilitude des $\triangle \triangle \, aGF$ & aCD que

$$aG : GF = aC : CD \text{ ou } X = \dfrac{CD \times aG}{aC}.$$
$$\overline{\overline{X}}$$

Exemple pour le rond.

Soit la bâfe $GC = 30$ toifes $DC = 5$ pieds : on a trouvé, par exemple, la périphérie de la tour $= 150$ pieds, on cherchera fon diamètre par la proportion.

Diam. : Périph. $= 1$: 3.14159 &c. ou

$$\text{Diam.} = \dfrac{\text{Périph.}}{3.14159} \; ; \text{ ce qui eft en notre cas}$$

$HG = 47.746$ pieds & $aG = 23.873$ X eft trouvé $=$

$$\dfrac{CD.aG}{aC} \; ; \text{ donc il fera} = \dfrac{900}{303.873} = 2.9617 \text{ pieds} = \text{la}$$

hauteur du point de mire.

Pl. 2. Fig. 9.

Il en eft de même avec le quarré ; mais le calcul en eft plus facile : car ayant mefuré les côtés, on faura auffi la

droi-

droite aG qui eſt $\frac{1}{2}$ HG & G$\gamma = \frac{1}{2}$ GK ; donc par le calcul précédent on aura la valeur de X ou le point à fixer.

Mais tout cela ſuppoſe que le terrein autour de la tour ſoit également bon partout, ce qu'on ne trouve guerres ; il pourroit arriver que le terrein qui eſt devant un des côtés de la tour fût trop marécageux, tellement qu'on ne pourroit pas y prendre une bâſe. Dans ce cas, on cherche autour de l'objet dont on veut ſavoir la hauteur une place convenable pour l'opération ; cela pourroit être ſur le coin de la tour en direction de ſa diagonale ou entre la diagonale & le milieu d'un des côtés du plan ; il eſt évident que dans ces trois cas on aura d'autres valeurs pour X reſtant toujours à la même diſtance du centre de la tour. ——

Suppoſons qu'on peut venir en face de la tour. A ſera alors le centre & Aα le demi Diamètre ; puis on aura pour le premier cas :

Pl. 2. *Fig.* 10.

$$A\alpha : X = AC : DC ; \text{ prenant enſuite } A\alpha = a \quad AC = b$$

$$\& DC = c \quad X \text{ ſera} = \frac{ac}{b}.$$

Pl. 2. *Fig.* II.

Quand on ne peut venir qu'au coin α du plan de la tour, on aura $A\alpha : X = AC : DC$; mais $A\alpha$ étant ici

$$= a \sqrt{2}. \quad X \text{ fera} = \frac{ca\sqrt{2}}{b}$$

Enfin fi le terrein eft tout-à-fait impraticable, excepté dans la direction de la ligne AC (*Pl.* 2. *Fig.* 12.) qui fe trouve entre le milieu d'un des côtés de la tour & fon coin, il fuivra $A\alpha : X = AC : DC$, ou fi $\alpha\gamma = d$ & $B\alpha = a - d = u$ $A\alpha$ fera $= \sqrt{a^2 + u^2}$ &

$$X = \frac{c\sqrt{a^2 + u^2}}{b}.$$

Il feroit bon de favoir fi la ligne qui paffe autour de la tour par tous les points de mire eft droite ou courbe: il eft évident qu'elle ne peut être parallele à l'Horizon, mais inclinée étant $X = \dfrac{ac\sqrt{2}}{b}$ plus grand que $X = \dfrac{ac}{b}$

PROBLEME.

Etant donné la hauteur de **X** pour les différents points de mire, on demande de déterminer la pofition & la qua-
lité

lité de la ligne qui paſſe autour de la tour uniſſant les divers points de mire.

SOLUTION.

Nous avons ſuppoſé ci-deſſus qu'on reſte toujours à la même diſtance du centre de la tour, ainſi en marchant on décrira un cercle avec les pieds. Mais les yeux de l'obſervateur étant élevés de quelques pieds au-deſſus de la terre, il eſt évident qu'en marchant ils décriront un cône, dont la pointe ſera dans le centre du plan de la tour. Or il eſt connu que ſi un plan quelconque coupe le cône verticalement ou parallelement à ſon axe, la courbe qui en réſulte ſe nomme *Hyperbole*. Dans notre cas, chaque côté de la tour coupe le cône verticalement, ainſi on pourroit conclure, ſans crainte d'erreur, qne la ligne qui paſſe autour de la tour uniſſant les divers points de mire eſt compoſée de quatre *Courbes* ou *Hyperboles.* ——

Ce qué nous venons de prouver par le raiſonnement doit ſuivre auſſi de la formule; prenons dabord:

$$X = \frac{c \sqrt{a^2 + u^2}}{b} \quad \text{ou} \quad b^2 x^2 = c^2 a^2 + c^2 u^2; \text{ ſubſtituons}$$

enſuite pour X la valeur $Z +$ 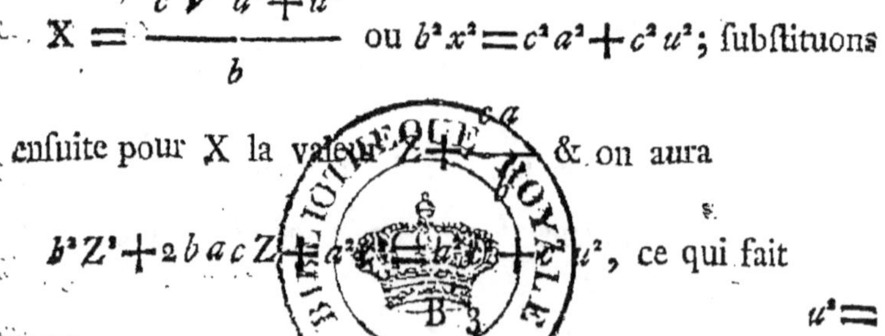 & on aura

$$b^2 Z^2 + 2 b a c Z + c^2 a^2 + b^2 u^2, \text{ ce qui fait}$$

$$u^2 =$$

$$u^2 = \frac{b^2}{c^2} Z^2 + 2\,a\,b\,c\,Z.$$ Ce qu'il falloit démontrer.

***

Cinquième cas. Pour trouver la hauteur des objets inacceſſibles.

Pl. 2. Fig. 13.

On prend la Règle de la même manière que dans le IVᶜ. cas. Soit la tour perpendiculaire ſur ſon axe & le point où l'on ſe trouve dans le même plan horizontal. On place la Règle en *d* & on regarde ſur (*a* & *f*) pour trouver l'angle droit du point *d*. On meſure (*e f*) & (*d e*). Après quoi on recule juſqu'en δ pour chercher ∠ droit de *a* F avec le point δ. puis on meſure auſſi δE & FE. les △△ *abd* & *def* étant ſemblables ainſi que les △△ *ab*δ & δFE; on aura des deux premiers

$$fe : ed = ab : bd \ \text{au}\ ab = \frac{bd, fe}{ed}$$ & des deux ſeconds

$$ab : b\delta = FE : \delta E \ \text{ou}\ ba = \frac{FE.\, b\delta}{\delta E}$$ donc on a deux

valeurs pour *ab*. Mais de = δE *b*δ = *bd* + *d*δ & *d*δ

$$= eE$$

$= e\mathrm{E}$ par la $b\delta$. $\mathrm{FE} = [bd + d\delta]$. FE, d'où il suit

que bd est $= \dfrac{e\mathrm{E}.\ \mathrm{FE}}{fe - \mathrm{FE}}$ mais ab est $= \dfrac{bd.\ fe}{\varkappa d}$ donc

$$ab = \frac{(e\mathrm{E}.\ \mathrm{FE}).\ fe}{(fe - \mathrm{FE}).\ ed} \quad \& \quad a\mathrm{C} = ab + b\mathrm{C} = ab + de$$

$$a\mathrm{C} = \frac{(e\mathrm{E}.\ \mathrm{FE}).\ fe}{(fe - \mathrm{FE})\ ed} + ed = \text{la hauteur cherchée.}$$

Exemple comparé avec l'Astrolabe.

J'ai pris $\angle a\delta b = 31°$ $\angle a\delta b = 74°$ $\delta \mathrm{E} = de = 4.6$. pieds $\& \delta b = 4.1$ verges ; donc par l'équation

$$ab = \frac{\delta b \times \mathrm{Sin}.\ \angle a d\delta.\ \mathrm{Sin}.\ \angle a\delta d}{\mathrm{Sin}.\ \angle (a d\delta + a d)} \quad \text{j'ai}$$

$$ab = \frac{4.1\ \mathrm{Sin}.\ 74°.\ \mathrm{Sin}.\ 31°}{\mathrm{Cos}.\ 47°}$$

$$
\begin{aligned}
\mathrm{Log}.\ 4.1 &= 1.\ 6127839 \\
\mathrm{Log}.\ \mathrm{Sin}.\ 74° &= 9.\ 9823416 \\
\mathrm{Log}.\ \mathrm{Sin}.\ 31° &= 9.\ 7118393 \\
\hline
&\quad 1.\ 3074648 \\
- \mathrm{Log}.\ \mathrm{Cos}.\ 47° &= 9.\ 8337833 \\
\hline
&\quad 1.\ 4736815 = \mathrm{Log}.\ 29.7633 = \mathrm{Log}.\ ab. \\
&\quad + de = 4.6 \\
\hline
&\quad 34,\ 3633 = \mathrm{Log}.\ a\mathrm{C}.
\end{aligned}
$$

B 4

Avec

3. Avec la Règle à miroir ayant fait les angles $a\,d\,f =$ $a\,\delta\,F = 90°$, j'ai trouvé $fe = 4.8$ pieds $FE = 3.95$ $dc =$ 4.4 & $eE = 5.98$ pieds, mais étant

$$a\mathrm{C} = \frac{(c\mathrm{E} \times \mathrm{FE})\,fc}{(fe - \mathrm{FE})\,dd} + dc \text{ ou}$$

$$a\mathrm{C} = \frac{(5.96.395)\,4.8}{3.74} + 4.4$$

Log. $5.96 = 0.7752463$

Log. $3.95 = 0.5965971$

Log. $4.8 \ = 0.6812412$

$\qquad\qquad\qquad 2.0530848$

$-$Log. $3.74 = 0.5728716$

Log. $30.072 = 1.4802132 = $ Log. ab.

donc $ab = 30.072$ & $ac = 34.4\,72$.

On n'a qu'une différence de moins de 1.5 pouces dans les réfultats de l'Aftrolabe & de la Règle à miroir.

Sixième cas : Déterminer le point qui fe trouve perpendiculairement fous un autre auprès duquel on peut venir.

Pl. 2. Fig. 14.

Suppofons qu'on veuille favoir la hauteur intérieure d'une Eglife, ou découvrir le point A. —— Cherchez le

point

point B. mettez pour cet effet à quelque diſtance le piquet GE ⊥ ſur HE & égal à la hauteur du miroir ou
de C. placez l'oeil en δ & regardez vers G jusqu'à ce
que vous voyez le point A couvert par le trait du miroir & G par celui du verre; alors AC ſera ⊥ ſur GC.
Si alors on fait deſcendre une perpendiculaire de C, le
point où elle touchera la terre ſera celui qu'on déſire. —
Voulant enſuite ſavoir la hauteur de A, on cherche l'angle
droit & A & B. ou le point D & on meſure DC = HB,

$$\& \; CB. \text{ puis on aura } AC = \frac{\overline{DC}^2}{CB} \; \& \; AB = \frac{\overline{CD}^2 + \overline{CB}^2}{CB}$$

$$= \frac{\overline{DB}^2}{CB}.$$

Exemple comparé avec l'Aſtrolabe.

Après avoir déterminé, tant avec l'Aſtrolabe qu'avec la
Règle à miroir, le point B. qui ſe trouvoit ſous un autre
A. & la différence n'étant presque pas ſenſible, j'allai
chercher la hauteur de A ou la diſtance des points
entre eux: j'eus alors avec l'Aſtrolabe $\angle AD'C = 58° 10'$
la bâſe H'B = 21 pieds & D'H' = 4. 4 pieds; par-là
j'eus AB = H'B × tang. $\angle AD'C$ + D'H' ou
  AB = 33. 825 + 4. 4 = 38. 225 pieds.
  J'ai trouvé enſuite avec la Règle à miroir l'angle droit

B 5

dans

dans le point D. DH étant $= 4.25$ & HB $= 12$ pieds

$$\text{j'eus } AB = \frac{BH + DH}{DH} = \frac{BD^2}{DH} = \frac{162.0625}{4.25} = 38,135.$$

ainſi la différence des réſultats n'eſt que de 0, 93 de pouce.

On pourroit facilement faire le problème inverſe pour découvrir le point A ou celui qui ſe trouve | deſſus un autre point B. car mettant la Règle avec ſa canne | ſur HE les angles HBC & CBE ſeront droits; prenant, comme auparavant GE $=$ CB. puis regardant de δ vers G, de ſorte qu'il ſoit couvert du trait du verre, l'objet (A) qui ſe trouvera alors couvert du trait du miroir ſera le point deſiré.

Septième cas: Déterminer le point qui eſt en ligne horizontale avec le trait du Miroir.

Pl. 2. Fig. 15.

Placez la Règle verticalement & le miroir tourné vers E: faites deſcendre une perpendiculaire de B jusqu'en C.

pla-

placez l'oeil en A. & regardez vers le point C qui fera
couvert par le trait du verre ; l'objet E qui fera alors
couvert du trait du miroir eft celui qu'il vous faut, puisque $\angle ABE = \angle EBC = 90°$.

QUATRIÈME CHAPITRE.

MANIÈRE DE DISPOSER LA RÈGLE À MIROIR.

Pl. 3. Fig. 1.

J'ai déjà fait remarquer qu'il eft de la plus grande importance que le miroir de notre inftrument ait une pofition convenable, c'eft-à-dire qu'il foit pofé fous un angle de 45°.
Il fuffit pour cela d'employer le $\triangle$ pythagorique : voulant déterminer un angle droit, on prend trois cordes, l'une de 30
pieds, l'autre de 40 & la troifième de 50 ; on étend la première de A en C, puis on attache celle de 40 pieds en A &
celle de 50 pieds en C. On décrit un arc avec chacune de
ces deux cordes, le point B où ces deux arcs fe cou-
pent eft le point defiré, pour que $\angle A$ foit $= 90°$. Ayant
ainfi exactement déterminé l'angle droit, on place la Règle en A, regardant vers C ; on tourne alors le miroir feul

jus-

jusqu'à ce qu'on voie B & C couverts par les traits du miroir qui fera alors placé comme il faut; on aura foin de bien marquer fur la plaque de cuivre la pofition trouvée du miroir, afin de pouvoir l'y remettre toujours.

Pl. 3. *Fig.* 2.

On voit aifément fi le miroir eft placé fous un angle de 45° ou non, en plaçant la Règle dans la droite AD, pour déterminer $\angle$ droit de B & D ou le point C. puis on tourne la Règle, regardant fur B; quand alors le point A eft en même temps couvert du trait, le miroir fera bien placé puisqu'on peut être fûr que $\angle$ ACB $=$ $\angle$ BCD & par conféquent $=$ 90°.

Manière de déterminer un angle quelconque avec la Règle à Miroir.

Nous n'avons parlé jusqu'ici que de la manière de déterminer les angles droits avec la Règle à miroir: on pourroit cependant s'en fervir auffi pour toutes fortes d'angles; il eft vrai qu'avec l'Aftrolabe l'opération feroit fouvent faite

plus

plus vîte, mais il me femble qu'avec l'autre inftrument les réfultats feroient bons, pourvu qu'on eût bien mefuré.

Pl. 3. *Fig.* 3.

Suppofant qu'on voulut connoitre l'angle que trois objets font enfemble ou ∠ A B C. Je placerois la Règle en B & je regarderois vers A jusqu'à ce que ce point fût couvert par le trait de la partie non couverte du teint. Faifant mettre un piquet en D. éloigné de quelques pieds de la Règle dans l'alignement de AB, de B j'irois fur la ligne BC, pour chercher ∠ droit de D & B ou le point F; je mefurerois exactement DF & BF; par-là j'aurois la grandeur de ∠ABC.

car tang. $\angle ABC = \dfrac{DF.}{BF.}$ Il eft évident que la moindre faute faite en mefurant feroit très fenfible fur l'angle B.

Exemple comparé avec l'Aftrolabe.
Pl. 3. *Fig.* 3.

J'ai trouvé avec l'Aftrolabe ∠ A B C = 41° 30'. faifant mettre enfuite un piquet en D. dans la droite AB & déterminant avec la Règle l'angle droit de A & B ou le point F, après quoi mefurant DF & BF, j'ai trouvé le premier = 2, 3 verges & l'autre = 2, 6 verges; travaillant

lant par logarithmes, j'eus Log. tang. B = Log. DF —
Log. BF.

Log. DF = 0. 3617278

— Log. BF = 0. 4149733

Log. tang. ∠B = 9. 9467545 = Log. tang. ∠41° 29′
47, 3″

En forte que la différence entre ces deux réfultats n'eſt
pas tout-à-fait d'une minute."

Il pourroit arriver qu'il y eut un obſtacle quelconque
entre B & A (tels qu'en fig. 4. pl. 3.) : on ne pourroit pas
alors mettre le piquet en D; en ce cas là je placerois,
comme auparavant, la Règle en B; pour trouver l'angle
droit du point C avec un autre E pris à volonté; je
prolongerois la droite B E jusqu'en G; puis j'irois de B en D′
pour trouver le point qui couvriroit les deux objets
A & B en même temps par le trait du verre; j'y placerois
un piquet cherchant l'angle droit de B & D′ ou le point
F, mefurant enfuite D′F & BF. ∠D′ étant = ∠ABC
par conféquent tang. D′ = tang. ∠ABC = $\dfrac{BF}{D'F}$.

Exemple comparé avec l'Aſtrolabe.

∠ABC étant trouvé = 70°, j'ai reculé jufqu'en D′
reſtant toujours dans le prolongement de la droite AB.

ayant

ayant placé un piquet en D' j'ai été avec la Règle vers
B, pour trouver le point G ou celui qui feroit perpendiculaire fur B C. Après quoi j'ai cherché dans l'alignement de B G le point F ou l'angle droit de D' & B. J'ai
mefuré enfuite B F & D' F dont le premier avoit 11 verges & l'autre 4. $\angle$ B D' F étant $= \angle$ A B C, Sa tangente
$\dfrac{B F}{D' F}$ fera auffi $=$ la tangente de $\angle$ A B C &

$$\text{Log. tang. ABC} = \text{Log. BF} - \text{Log. D'F}$$
$$\text{Log. B F} = \text{Log. 11} = 1.0413926$$
$$- \text{Log. D'F} = \text{Log. } 4 = 0.6020599$$
$$\text{Log. tang. } \angle \text{ABC} = 0.4393327 = \text{Log. tang. } 70^\circ 1';$$

ainfi la différence des réfultats de ces deux opérations
n'a été que d'une minute fur un angle de 70°.

———————

Si l'on peut déterminer un angle quelconque avec la
Règle à miroir, le problème fuivant ne fera pas non plus
difficile à réfoudre.

Problème. Pl. 3. Fig. 5.

Etant donné la diftance mutuelle de trois clochers d'une ville & les angles qu'ils font enfemble (ou les droites AB. BC &

AC

A C & les angles A, B & C.) trouver l'éloignement de chacun de ces clochers d'un point D hors de cette ville.

----------◆----------

Il pourroit très bien arriver qu'un Ingénieur fut dans le cas du problème; afin de le résoudre comme il faut, il a besoin d'une bonne carte de la ville pour mesurer les côtés & les angles du △ A B C. Il mesureroit ensuite avec l'Astrolabe les angles BDA & ADC, & par les analogies que les △s même donnent, il pourroit aisément calculer les distances BD. AD & DC. —— On ne travaillera certainement pas si vite dans ce cas-là avec la Règle à miroir, mais il peut se présenter des occasions où l'on doive absolument connoître l'éloignement du lieu où on se trouve ; à la ville, on peut manquer des instruments nécessaires ; alors il seroit préférable, à mon avis, de prendre un peu plus de peine, pourvu qu'on parvienne à son but.

Pl. 3. Fig. 5.

Placez la Règle en D, déterminez les angles droits ADG &c. &c. regardez vers B, faites mettre un piquet en BD en F, allez ensuite sur la droite GD, pour cher-

cher

cher l'angle droit de D & F où le point E, mesurez FE, & ED ∠EFD étant = ∠BDA, on aura tang. BDA = $\dfrac{ED}{EF}$. On fait la même chose pour l'angle ADC.

Exemple comparé avec l'Astrolabe.

J'ai fait ∠ADB = 35° = *a* & ∠CDA = *b* = 24°; après quoi j'ai déterminé avec la Règle les angles droits ADG & ADG', & dans les points E & E' les angles droits DEF & DE'F'. DE avoit 17. 575 pieds EF = 25. 1 pieds E'F' = 26.954 & DE' = 12 $\dfrac{DE}{EF}$ étant la tangente de ∠BDA & $\dfrac{DE'}{F'E'}$ la tangente de ∠ADC.

J'ai eu tang. ∠BDA = $\dfrac{17.575}{25.1}$ = tang. 34° 59' $\overline{58.\ 8}''$

& tang. ∠ADC = $\dfrac{12}{26.954}$ = tang. 23°. 59' $\overline{58.\ 4}''$ la différence du premier résultat est $\overline{1.\ 2}''$ & de l'autre $\overline{1.\ 6}''$

Ayant ainsi trouvé ces angles, on aura dans le △ BCD. que BC : BD = $\sqrt{a+b}$: Sin. C' ou BD = $\dfrac{BC\ Sin.\ C'}{\sqrt{a+b}}$ & dans le △BAD que BA : BD = $\int. a$: Sin. e

C

ou

ou $BD = \dfrac{Sin.\ e.\ BA}{f.\ a} = \dfrac{BC\ Sin.\ C'}{f\,a + b}$. mais $\angle C' + \angle b =$

$\angle c + \angle f$ étant $(\angle H = \angle h)$ ainsi $\angle c = \angle b + \angle C' - \angle f$; subſtituant cette valeur dans $\dfrac{Sin.\ e.\ BA}{Sin.\ a} = BD$, on aura

$\dfrac{BC\ Sin.\ C'}{f\,a + b} = \dfrac{BA\ Sin.\ (C' + b - f)}{Sin.\ a}$ ou $\dfrac{BC\ Sin.\ C'}{f\,(a + b)} =$

$\dfrac{BA\ Sin.\ C'\ (Cos.\ \overline{b - f} + Cos.\ C'\ Sin.\ \overline{b - f})}{Sin.\ a}$. diviſé par

$Sin.\ C'$, on aura $\dfrac{BC}{f\,a + b} = \dfrac{BA\ Sin.\ C'\ Cos.\ \overline{b - f} + Cos.\ C'\ Sin.\ \overline{b - f}}{Sin.\ C'\ Sin.\ a}$.

mais $\dfrac{Sin.\ C'}{Sin.\ C'} = 1$ & $\dfrac{Cos.\ C'}{Sin.\ C'} = Cotang.\ C'$. donc $\dfrac{BC}{f\,a + b}$

$= \dfrac{BA,\ (Cos.\ \overline{b - f} + Cot.\ C'\ Sin.\ \overline{b - f})}{f\,a}$. donc $\dfrac{BC\ Sin.\ a}{BA\,f\,a + b}$

$= Cos.\ \overline{b - f} + Cot.\ C'\ Sin.\ \overline{b - f}$. ou

$Cotang.\ C' = \dfrac{BC\ Sin.\ a}{BA\ Sin.\ \overline{a + b}} - \dfrac{Cos.\ \overline{b - f}}{Sin.\ \overline{b - f}}$. mais $tang. = \dfrac{1}{Cot.}$

par la tang. $C' = \dfrac{BA\ Sin.\ (a + b).\ Sin.\ (b + f)}{BC\ Sin.\ a - BA\ Sin.\ (a + b)\ Cos.\ (b + f)}$.

La pointe A du $\triangle$ pouvant être à l'autre coté de BC

on

ou en A, l'angle C' changera fensiblement; ainfi on aura deux expreffions pour C' dont les fignes font la feule différence. On prend les fignes fupérieurs, quand la pointe du △ ABC eft au deffus de BC ou en A, & on fe fert des autres, fi le contraire a lieu.

—————◆◆◆—————

Nous n'avons parlé jufqu'ici que de la manière de déterminer les angles droits avec la Règle à miroir : ainfi la feule figure qu'on pourroit décrire avec elle fur le terrein feroit le quarré, tandis qu'on a fouvent befoin de polygones; il me paroit donc utile & agréable de pouvoir auffi s'en fervir pour d'autres figures régulières, comme le triangle équilatéral, le pentagone, l'exagone &c. &c.

On comprend aifément qu'alors le miroir doit avoir une autre pofition : pour le *triangle*, il doit être tourné dans un angle de 30°; pour le *quarré*, dans un angle de 45°

$$- - - pentagone - - - - - - - 54°$$
$$- - - - l'exagone - - - - - - - 60°$$
$$- - - - l'eptagone - - - - - - - 64° 17'30$$
$$- - - - l'octogone - - - - - - - 67° 30 \&c.$$

En général l'angle du miroir doit égaler le $\frac{1}{2}$ angle

du

du polygone qu'on veut décrire ; on fent bien que *l'Hep-tagone* ne pourroit être décrit avec la Règle à miroir, car il eft déjà affez peu aifé de mettre le miroir jufte fur les degrés, & combien de difficultés n'auroit-on pas à furmonter, fi on vouloit le mettre jufqu'aux fecondes ? ainfi on fera bien de ne pas défirer de décrire plus que jufqu'à l'exagone ; le plateau de cuivre (DF) fig. 2. pl. 1. deviendroit autrement trop plein de marques pour qu'on ne s'embrouillât pas.

Pl. 3. *Fig.* 6.

Il eft facile de démontrer *que l'angle du miroir doit être égal au demi angle du polygone qu'on veut décrire.* Car foit DE le miroir, l'œil placé en F, & $\angle$FAB l'angle qu'on veut décrire. $\angle$EAH l'inclinaifon du miroir par la HA perpendiculaire fur la ligne AF & AC $\perp$ fur DE ; donc on aura

$$\angle EAC = \angle FAH = L$$

en fouftrayant l'angle commun CAH il reftera,

$$\angle EAH = \angle CAF = \frac{1}{2} \angle FAB.$$

donc l'angle de l'inclinaifon du miroir doit être égal au demi angle du polygone.

Pl. 3.

Pl. 3. *Fig.* 7.

Pour décrire le quarré, on prend une ligne quelconque dans un terrein plat, on place la Regle en B & on regarde vers le piquet A. on fait tenir un autre piquet en *d* jusqu'à ce que l'on ait trouvé $\angle$ droit A B *d*, on fait CB de la longueur requife, faifant mettre un piquet en C; on va enfuite de B en C, regardant fur le bâton B; on fait alors tenir un piquet en E. de forte que $\angle ECB = 90°$: on détermine la longueur de DC, la faifant $= CB = AB$. les angles C & B font droits, les cotés font égaux, par conféquent en plaçant la Règle en D, on découvrira les points A & C, ce qui fait que $\angle ADC$ eft $= 90°$.

Pour le triangle. Pl. 3. *Fig.* 8.

Le miroir étant mis fur 30°, on placera la Règle en B & on regardera vers A, faifant tenir un piquet en C′, de manière que A & C′ foient également fous les traits du miroir & du verre : On fait alors approcher celui qui tient le piquet jufqu'en C. (toujours dans la même droite C′ B) pour avoir $AB = BC$; il eft clair qu'alors AC fera de la même longueur que les autres, puisque

$$\angle CBA = \angle BCA = \angle CAB = 60°.$$

Pour

Pour le pentagône. Pl. 3. Fig. 9.

Pofez le miroir fur 54°, prenez la droite CB de la longueur précife, regardez vers C, placez quelqu'un avec un
bâton en A', pour avancer & reculer jusqu'à ce que vous
voyez de manière que A' & C foient couverts par les
traits; prenez alors AB=BC, allez de B en A', & fixez l'œl
fur B pour trouver la place du piquet E', prenez AE = AB;
continuez ainfi de tous les points, & vous aurez le pentagone défiré.

Pl. 3. Fig. 10.

Dans l'exagone on agit de la même manière, le miroir
étant placé fur 60°.

L'artifte qui fera de ces fortes de Règles à miroir pourroit très facilement trouver les différentes pofitions pour le
miroir: il n'a qu'à prendre un bon aftrolabe avec lequel il
décrit dans un plan horizontal, les divers angles, pour
les différents polygones. Dans le pentagone l'angle étant
= 108°, il mettra fon Aftrolabe fur ce dégré ou ∠ ABC
= 108°. pl. 3. fig. 9. Pour donner la même pofition au miroir de la Règle, il la placera en B: il regardera vers A & il
tournera le miroir fur fon axe jusqu'à ce qu'il voie le

point

point C. dans la même droite que AB ou A & C. également couverts par les traits; il agira de la même manière pour tous les autres polygones.

CINQUIEME CHAPITRE.

DE L'EXACTITUDE DES OPÉRATIONS FAITES AVEC LA RÈGLE À MIROIR.

Les fautes dans les résultats de la Règle à miroir peuvent dériver de plusieurs causes; cependant les principales sont

1°. La trop grande épaisseur du trait du miroir,

2°. La mauvaise position que le miroir peut avoir,

3°. L'inexactitude de l'observateur & de l'instrument même.

Pl. 5. *Fig.* 11.

Nous avons dit ci-dessus que l'épaisseur du trait du miroir ne doit pas outrepasser $\frac{1}{10}$ de ligne, parcequ'une telle épaisseur fur une longueur de sept pouces couvroit déjà un arc de plus de 4′; c'est donc toujours une erreur inévitable en déterminant l'angle droit (mais elle a cela de commun avec le meilleur Aftrolabe.) il eft vrai qu'elle diminue, fi l'on agrandit la Règle, mais il feroit impoffible de l'éviter entièrement.

Pour connoître la grandeur de l'erreur qui refte toujours, on n'a qu'à s'imaginer le Δ ifofcèle ABC que l'épaiffeur du trait fait avec l'oeil de l'obfervateur; C'D répréfente le fil & φ l'angle qui en provient, nommant alors $AC = CB$ a & $AB = X$, on aura

$$a : Sin. \angle B = X : Sin. \angle \varphi \text{ ou}$$

$$X = \frac{a \, Sin. \, \varphi}{Sin. \, \angle B}.$$

Si l'on prend $a = 500$ pieds & $\varphi = 4' \, 54''$, X ne fera pas encore de 8 pouces.

Il eft abfolument néceffaire que les cotés des $\Delta \Delta$ rectangles foient bien mefurés & qu'on marque avec exactitude le point où le bâton doit être mis, pour déterminer l'angle droit; pour cet effet la fente faite dans la vifière ne doit être ni trop large ni trop étroite.

Pl. 3. *Fig.* 12.

Si elle étoit trop large, le rayon vifuel feroit différent, en regardant d'un côté **A** ou de l'autre **B**, de là naitroit

troit abfolument une efpèce de parallaxe $\alpha\,C\,\beta$, & on ne fauroit avec exactitude fi le piquet devroit être placé dans la droite $\alpha\,A$ ou $\beta\,B$; mais quand la fente eft trop étroite, il doit s'enfuivre que les objets ne fe laiffent pas voir affez diftinctement, comme s'il y avoit quelque obftacle entre l'oeil & l'objet ; dans le commencement de ce traité, nous avons parlé de la manière d'agrandir & de diminuer la fente de la vifière.

Il faut avoir foin que les divers points dont on doit fe fervir pour les opérations foient dans le même plan horizontal: l'erreur qu'on peut commettre, en n'y faifant pas attention, pourroit être exprimée par $(1 - \text{Cos. } a)$ $\times b$ a étant l'angle de l'inclinaifon du plan & b la ligne qu'on doit mefurer, prenant $a = 8°$ & $b = 500$ pieds; on aura moins d'un demi pied d'erreur.

La mauvaife pofition du miroir peut beaucoup contribuer aux fautes dans la pratique, puisqu'elle fe réunit avec celle qu'on fait en vifant mal; mais il eft facile de trouver à quoi elle fe monte.

Problème. Pl. 3. *Fig.* 13.

Trouver le changement que la diftance AC eft fufceptible d'éprouver; les angles droits du point C étant pris trop grands ou trop petits.

So-

SOLUTION.

Si l'angle est trop grand, il sera obtus ou $= A d B$ & le point cherché C sera effectivement en d; comme aussi le point F en f: on aura donc $\angle A d B$ au lieu de $\angle A C B$ & $A B f$, au lieu de $A B F$, ainsi qu'on mesure $d f$ & $B d$, au lieu de $B C$ & $B F$ il s'en suivra qu'on prendra alors pour $AC = \dfrac{\overline{BC}^2}{FC}$, la valeur de $\dfrac{\overline{Bd}^2}{df}$; il ne nous reste donc autre chose qu'à trouver la différence entre $\dfrac{\overline{BC}^2}{CF}$ & $\dfrac{\overline{Bd}^2}{df}$ ou celle entre la distance vraie & celle apparente. —— Si l'on prend les angles trop petits ou $= A \delta B$ & $A B E$, on aura $\dfrac{\overline{B\delta}^2}{\delta E}$ au lieu de $\dfrac{\overline{Bc}^2}{cF}$: suppofant $\angle C B F = a$ $\angle d B C = \angle C B \delta$ & $\angle E B F = \angle F B f = b$, on aura dans les $\triangle \triangle$ $A d B$ & $d B f$.

$$B d : \text{Sin. } a = A d : \text{Cos. } (a+b) \ \& \ B d : \text{Cos. } \overline{a+b}$$

$$= d f : f\overline{a+2b}; \text{ ce dont il fuit } A d \ \frac{B d \times \text{Cos. } \overline{a+b}}{\text{Sin. } a}$$

&

$$\& \frac{\overline{B\,d}^2}{d\,f} = \frac{B\,d \times \text{Cos.}\,\overline{a+b}}{\int a + 2b},$$ ainsi la vraie distance s'ex-

prime par Ad : $\dfrac{\overline{B\,d}^2}{d\,f} = \int(a + 2b)$: Sin. a ou

$$A\,d = \frac{\overline{B\,d}^2}{d\,f} \times \frac{\int(a+2b}{\text{Sin.}\,a}$$

L'angle droit étant pris trop petit, on auroit AδB &
ABE, au lieu de ACB & ABF, faisant dans ce cas la
même opération que dans l'autre, il suivra que A$\delta =$

$$\frac{B\delta \times \text{Cos.}\,(a-b)}{\text{Sin.}\,a} \;\&\; \frac{\overline{B\delta}^2}{\delta E} = \frac{d\delta\,\text{Cos.}\,(a-b)}{\text{Sin.}\,(a-2b)}.$$ ainsi la

vraie distance seroit exprimée par

$$A\,d : \frac{\overline{B\,b}^2}{\delta E} = \int(a-2b) : \text{Sin.}\,a \text{ ou } A\,d = \frac{\overline{B\delta}^2}{\delta E} \times \frac{\int(a-2b)}{\text{Sin.}\,a}.$$

on peut remarquer qu'en général la distance cherchée est
égale au quarré de l'un des côtés divisé par un autre

côté & multiplié par la fraction $\dfrac{\int(a+2b)}{\int a}$; on se sert

de la ligne supérieure, quand les angles sont trop grands
& de l'autre, si on les trouve trop petits. — Il est évident
que les fautes diminueront, si l'angle A accroit, c'est à dire
en prolongeant BC & CF.

On

On peut déterminer de la manière fuivante la faute b
faite avec la Règle à miroir.

Pl. 3. *Fig.* 14.

Déterminez exactement $\angle$ droit A B C, comme nous l'a-
vons expliqué ci-deffus. Placez alors la Règle en B,
regardant vers A ou vers C ; quand alors les deux objets
font également fous les traits, on concluera que le miroir eft bien tourné ; mais fi cela n'a pas lieu, on fera
mettre un piquet en D ou δ, felon que l'angle fera ou
trop grand ou trop petit ; on mefurera enfuite A B & A D
ou A δ, & on aura la grandeur des angles ψ & ϕ.

L'erreur qu'on pourroit faire augmente avec la diftance ou la hauteur qu'on doit mefurer, ou quand l'angle
a diminue (pl. 3. fig. 13). Nous venons de dire tantôt
que l'erreur diminue, dès qu'on augmente l'angle a ou les
lignes BC & CF, mais cela ne fe fait pas bien aifément
avec les hauteurs, puisque CF qui eft alors la hauteur
de la canne du miroir ne peut avoir plus de 4 à 5
pieds.

Pl. 3. *Fig.* 13.

$$\text{Etant } AC = \frac{\overline{BC}^2}{CF} \ \& \ \text{tang. } a = \frac{CF}{BC}, \ AC \text{ fera aussi}$$
$$= BC$$

$$= BC \text{ Cotang. } \angle a \text{ mais Cot. } a = \frac{AC}{BC} \text{ donc}$$

$$\text{tang. } a = \frac{BC}{AC} \text{ mais } \frac{BC}{AC} = \text{ eft } = \frac{\sqrt{CF}}{AC} \text{ ainfi mettant}$$

$$n \times CF \text{ pour AC, on aura tang. } \angle a = \frac{\sqrt{CF}}{n\,CF} =$$

$$\sqrt{\frac{1}{n}}$$ donc l'angle a diminuera fi n augmente & la faute

augmentera en diminuant $\angle n$.

Quoique la différence entre les fautes provenues pour avoir pris les angles trop petits ou trop grands foit bien peu confidérable, pourtant elle le fera davantage dans le dernier cas.

———◆———

Tout ce que je viens de dire tant fur la commodité que préfente la Règle à miroir que fur fon dégré d'exactitude fait voir que cet inftrument peut être utile, dans la pratique de la Géométrie, principalement dans les circonftances où, comme nous l'avons dit ci-deffus, on n'a pas befoin d'une grande précifion.

On pourroit auffi s'en fervir dans des opérations pénibles de l'Arpentage, & même en quelque forte dans l'Aftronomie pour mefurer, par exemple, la hauteur de divers objets céleftes. — J'entrerois à cet égard dans plus de détails, fi je ne craignois pas de devenir trop long, d'autant que mon but, en publiant ce traité, n'a été que de donner une idée générale de la Règle à miroir. Cependant comme il peut arriver qu'on fe trouve momentanément dénué d'autres inftruments: je ne puis me refufer au defir de donner par un exemple la preuve de mon affertion.

Exemple pour mefurer la hauteur d'une Etoile.
Pl. 3. *Fig.* 15.

Soit BCD un plan horizontal, placez la Règle avec fa canne perpendiculairement en C: foit HO l'horifon & σ l'étoile dont on voudroit favoir la hauteur; vifant alors fur σ, on cherchera un point β pour avoir $\angle \sigma A \beta = L$: mefurant alors βC & CA, on aura $\dfrac{\beta C}{CA} = $ à la tangente de $\angle \beta AC = $ tang. $\angle \sigma AH = $ la tang. de la hauteur de l'étoile; car, fouftrayant de $\angle \sigma A \beta = \angle HAC = L$ l'angle commun HAβ, on aura ce qu'on cherchoit.

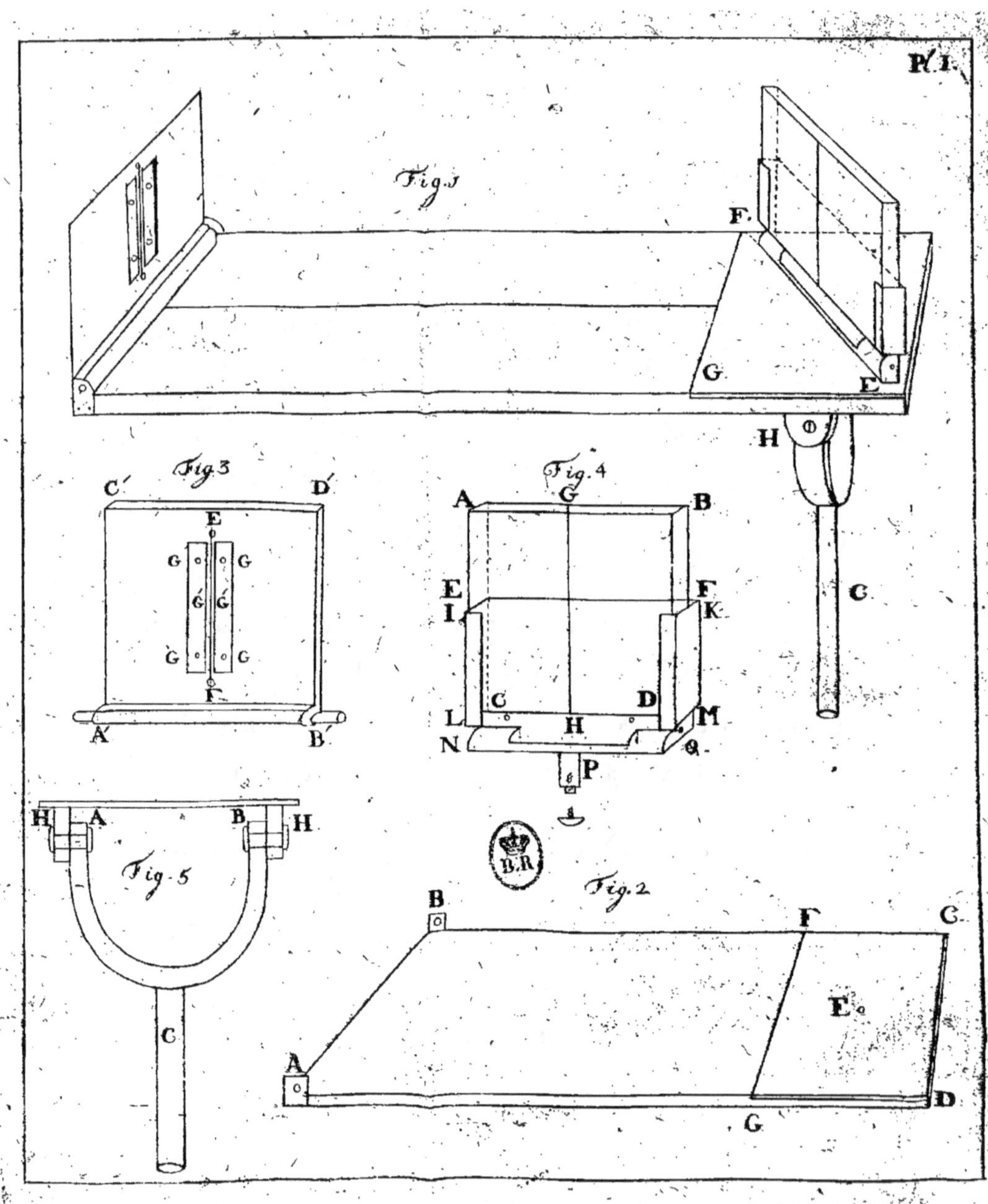

Pl. I.
Fig. 1
Fig. 3
Fig. 4
Fig. 5
Fig. 2
C' D'
E
G G
G G
G G
F
A B
A G B
E F
I K
C D
L M
N H P Q
H A B H
C
B F C
E
A
G D
B. R

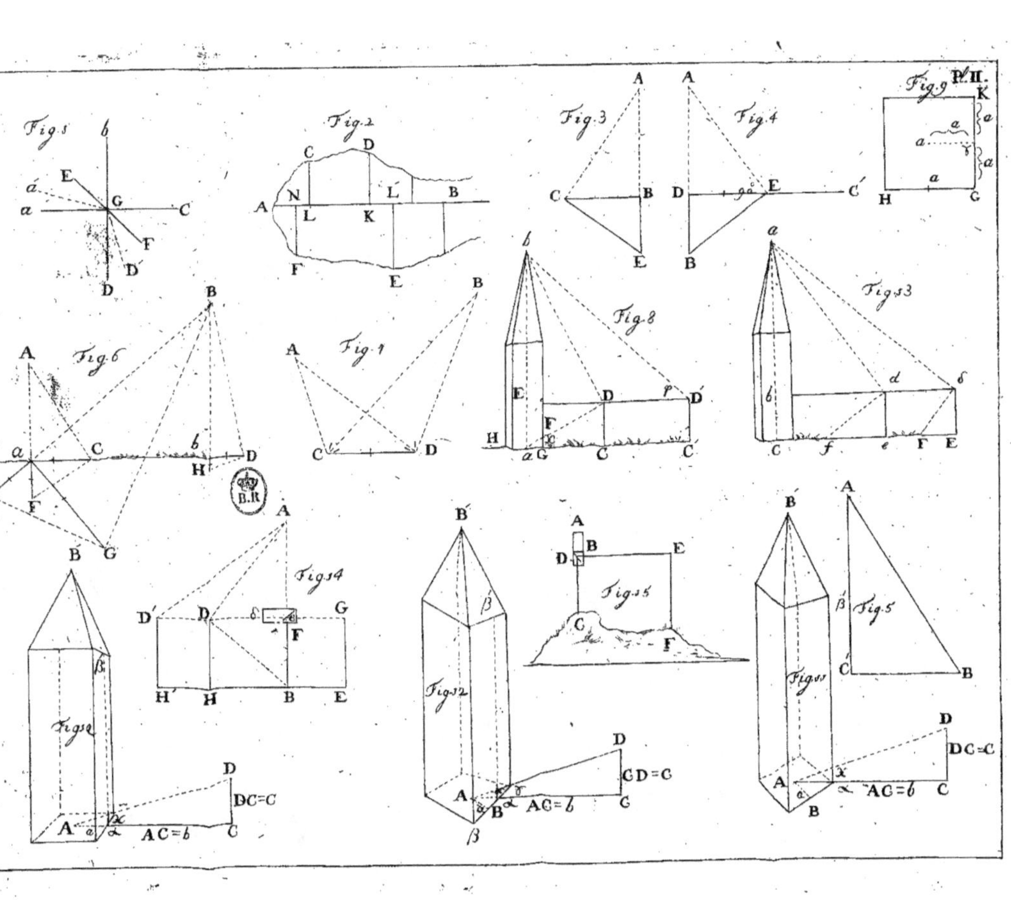

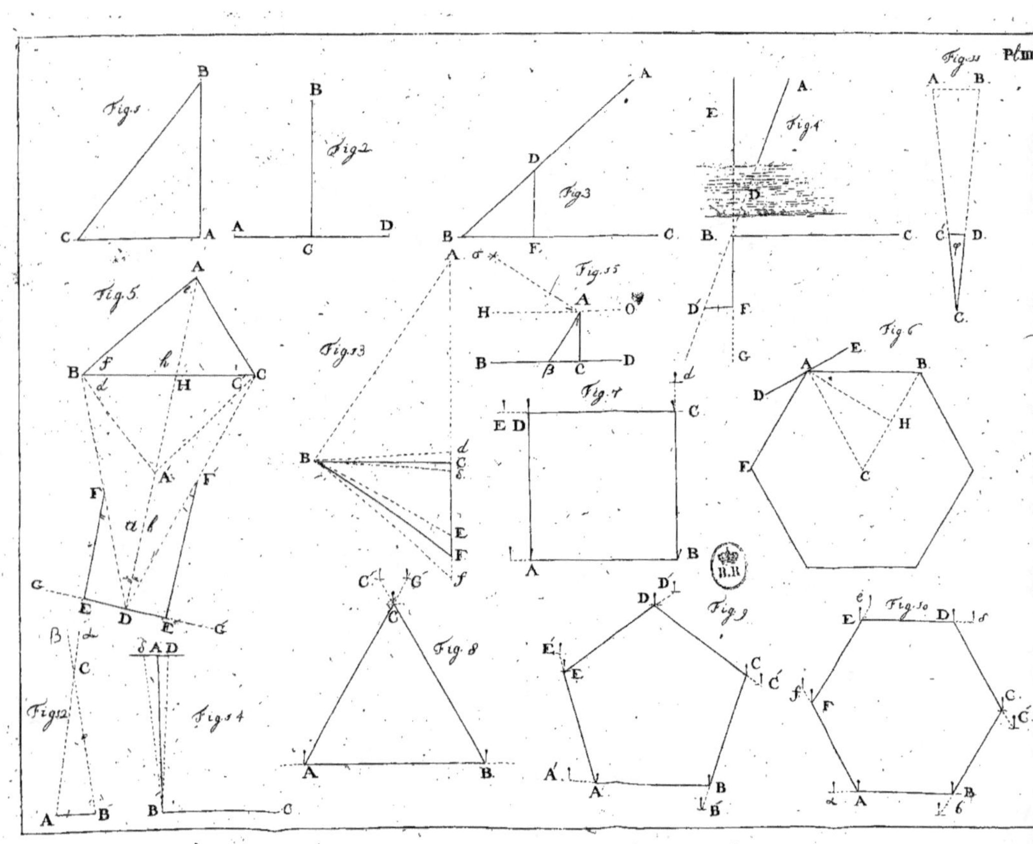

Te G R O N I N G E N,

---

bij J A N O O M K E N S,

Boekverkoper,

zijn deze en meer andere Boeken te bekomen.